社会でがんばるロボットたち ③

工場や産業で がんばるロボット

すずき出版

はじめに

東京大学名誉教授
佐藤 知正（さとう・ともまさ）

　ロボットは、人や動物のような生物に似たはたらきをする機械です。人や動物は、体を動かして地球上のいたるところで活動しています。ロボットも生物同様、体をもっており、その体を動かすことではたらき、社会のいろいろなところで活やくしています。

　ロボットのはたらく"場所"は、工場や農場、家庭、介護施設や病院にかぎらず、災害現場や海や宇宙にもあります。ロボットの"形"は、動物や人の形、人が身につける形から、将来的には肩に乗ったり、体にうめこまれるものもあらわれるでしょう。また、ロボットの"大きさ"としては、建物そのものがロボットだったり、大陸をまたいで資源を採取・輸送する巨大なロボットや、宇宙エレベーターのように宇宙規模ではたらく大きなロボットシステムの構想もあります。ロボットの"はたらき"は、産業用として物を作ったり運んだり、家庭でそうじや会話をしたり、人を見守ったり癒したり、力や知恵を貸すばかりでなく、将来は人間のなかまとして、多くのロボットが協調して社会づくりを支援してくれるでしょう。

　このシリーズを通じて、ロボットが社会でがんばるすがたを知り、まず興味をもってください。そのうえでぜひとも、実際のロボットにさわり、そのはたらきに感動し、ロボットを使いこなす人になってください。ロボットのもつ力を存分に発揮させることができたら、いろいろな人によろこばれますよ。また可能なら、ロボットを作ってください。ロボットを作れば、人や動物がいかにすぐれたはたらきをしているかがよくわかります。作り知ることは楽しいことですよ。最後に、そのロボットによって、社会をよい方向に変えてください。ロボットによる社会変革（ロボットイノベーション）は、日本ができる重要な国際貢献です。みなさんの今後に期待しています。

もくじ

- はじめに 2
- ロボットとくらす時代がやってきた!! 4

パート1 日本のロボット開発の今と未来 7

- これからの日本のロボット開発 8
- World Robot Summit 2020 10
- **コラム** ロボットはこれからどうなっていく？ 12

パート2 工場や産業でがんばる、いろいろなロボット 13

- 自動車組み立てロボット① ウインドウ搭載支援ロボット 14
- 自動車組み立てロボット② スペアタイヤ搭載ロボット 18
- 金属をつなぎ合わせるロボット 溶接ロボット 22
- 高速セット組みロボット パラレルリンク式ロボット 26
- イチゴを判別し収穫するロボット イチゴ収穫ロボット 30
- 可動式商品棚ロボットシステム Amazon Robotics 34
- **コラム** これからのロボット開発に求められること 38

パート3 工場や産業でがんばるロボットの未来 39

- 未来の産業用ロボットはどうなるんだろう？ 40
- **コラム** 人への最後の1メートルがロボットになる 43
- 自動車の未来 44

- 行ってみよう！ 46
- さくいん 47

ロボットとくらす

　今、世界中で、いろいろなロボットが開発されています。日本のロボット開発もとても進んでいて、もうすでに、わたしたちのまわりで、たくさんのロボットたちがはたらいています。まんがやアニメに出てくるような、人型ロボットだけでなく、見ただけではロボットだと思わないけれど、人間の役に立っているロボットもいます。ロボットは社会のいろいろなところでがんばっているのです。

工場などで
がんばるロボットたち

3巻で
しょうかいするよ

農場などで
がんばるロボットたち

3巻で
しょうかいするよ

時代がやってきた!!

災害現場や宇宙・海などでがんばるロボットたち

2巻でしょうかいするよ

ドキドキしちゃう

わくわくするね!

ぼくのなかまがいっぱいいるんだよ

家庭の中などでがんばるロボットたち

1巻でしょうかいするよ

介護施設や病院などでがんばるロボットたち

1巻でしょうかいするよ

わたしたちといっしょにロボットに会いに行こう!!

3巻でしょうかいするロボットたち

© トヨタ自動車株式会社

© トヨタ自動車株式会社

© 株式会社パパス

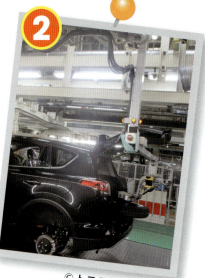
© 株式会社 広和産業

© 農研機構

© アマゾンジャパン合同会社

❶ ウインドウ搭載支援ロボット
❷ スペアタイヤ搭載ロボット
❸ 溶接ロボット
❹ パラレルリンク式ロボット
❺ イチゴ収穫ロボット
❻ Amazon Robotics（アマゾン ロボティクス）

パート1

日本のロボット開発の今と未来

これからの日本のロボット開発

1920年に「ロボット」ということばが使われるようになってから、約100年がたちました。その間に、世界中でロボットが研究・開発されて、実用化されました。日本は、とくに産業用ロボットの開発がとくいで、工場などでがんばるロボットをたくさん実用化してきました。では、これからのロボット開発はどうなっていくのか、見ていくことにしましょう。

日本は、産業用ロボットの開発がとくい

　もともと産業用ロボットの開発は、1950年代にアメリカではじまったといわれています。その後、1960年代に日本にも伝わり、産業用ロボットが日本でも使われるようになりました。そのころの日本は、自動車などの生産が盛んで、工場ではたらく人がたりなかったので、人間のかわりに作業をしてくれるロボットが必要とされるようになりました。そこで、日本でも産業用ロボットが作られるようになったのです。

　最初のうちは、自動車を作るためのロボットが中心でしたが、今では、自動車以外の食品や化粧品、薬品などの分野でも産業用ロボットが利用されつつあり、ロボット自体も、高性能なものが開発されるようになってきています。

　日本は、世界中に輸出できるほど、すぐれた産業用ロボットを作れるようになってきているのです。

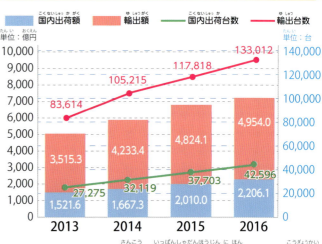

産業用ロボットの国内出荷額(台数)、輸出額(台数)（2013年～2016年）

※参考：一般社団法人日本ロボット工業会

アメリカから産業用ロボットが日本に入ってきたころは、それほど使いやすいロボットではなかったんだよ。でも、日本の研究者たちが一生懸命に改良し、自分たちが使いやすい産業用ロボットにしていったんだ。新しい技術や機械を使いこなして、よりよいものにしていくということが、日本人はとくいなのだといえるね。

これからのロボット開発

　これからのロボット開発は、産業用ロボットを中心とした開発・実用化だけでなく、さまざまな分野に広がっていくことが期待されています。

　1巻でも説明したように、人間にはできないことをすることで、ロボットは人間の役に立ちます。人間ではつかれてしまってできないようなくりかえしの作業を何千回、何万回とつづけることができる産業用ロボットは、そうした役目を果たす代表的なロボットといえます。

　これまでの産業用ロボットは、とても強い力でいろいろな作業をするので、人間がロボットといっしょにはたらくことは危険でした。そのため、さくなどでかこってロボットを動かしていました。でも、最近では、人間といっしょにはたらいても危険のないようなロボットが開発され、さくでかこう必要のないロボットが登場してきています。

　また、1巻で取り上げたように、家庭や、介護の現場などで活やくするロボット開発も進められています。産業用ロボットだけでなく、これからは、さまざまな分野で、もっとたくさんのロボットが活やくすることでしょう。

日本から世界へはばたくロボット

　日本は地震や台風などの災害が多いので、そうした災害に対応できるロボットの開発が進んでいます。

　また日本は、世界のほかの国とくらべても、全人口に占めるお年寄りの割合が高く、今後ますますお年寄りがふえるといわれています。そのため、お年寄りが仕事をするための動作を補助するような産業用ロボットや、お年寄りの生活を補助するための介護ロボットや生活支援ロボットなどの開発も進んでいきます。

　これからは、災害に対応するロボットや、お年寄りの活動を補助するロボットなども、日本が開発し、世界へ輸出されるようになるでしょう。1巻でしょうかいした人を元気づけてくれるロボット「パロ」は、すでに世界で活やくしています。

空から
災害救助！

© 株式会社 日本サーキット

人にかわって調査！

© 千葉工業大学
未来ロボット技術研究センター

人を元気づける！

© 国立研究開発法人
産業技術総合研究所

World Robot Summit 2020

2020年に、「World Robot Summit 2020」が開催されます。ロボット版のオリンピックともいわれ、世界中からロボット開発者や研究者が集まり、競技や展示を通じて、未来のロボットについて考えるというイベントです。ロボット競技会と、ロボット展示会が実施される予定です。2018年にはプレ大会として「World Robot Summit 2018」も開催予定です。

※2017年12月時点

ロボット競技会 World Robot Challenge

World Robot Challengeは、「ものづくり」「サービス」「インフラ（道路や橋など）・災害対応」「ジュニア」の4つのテーマ分野があり、それぞれにチャレンジ競技が予定されています。なかでも「ジュニア」の場合は、参加できる年齢が19歳までになっていて、小・中・高校生の参加が期待されています。チャレンジ内容には、学校で役に立つロボット活用のためのプログラミングなどを競う「スクールロボットチャレンジ」と、家庭で役に立つロボットを作る「ホームロボットチャレンジ」の2つがあります。

競技種目の概要

分野	種目	競技内容
ものづくり	製品組立チャレンジ	工業製品等の組立に必要な技術要素を含んだモデル製品を早く正確に組立
サービス	パートナーロボットチャレンジ実機リーグ	家庭における片付け（整理整頓、収納等）や留守番対応
	パートナーロボットチャレンジシミュレーションリーグ	
	フューチャーコンビニエンスストアチャレンジ	食品など複数種類の商品の品出し・入替、客や従業員とのインタラクション、トイレの清掃
インフラ・災害対応	プラント災害予防チャレンジ	数種のインフラ点検項目に基づく点検メンテナンス（バルブ開閉等）
	トンネル事故災害対応・復旧チャレンジ	トンネル災害を想定した情報収集、緊急対応（人命救助、障害物排除等）
	災害対応標準性能評価チャレンジ	災害予防・対応で必要となる標準性能評価（移動能力、センシング能力、情報収集能力、無線通信能力、遠隔操作性能、現場展開能力、耐久性）
ジュニア（上限19歳までのチーム）	スクールロボットチャレンジ	学校環境においてニーズのありそうなタスクとそれを実現するプラットフォームロボットをプログラミング
	ホームロボットチャレンジ	サービス分野と同様のタスクを設定しロボットを製作

※World Robot Summit ホームページより

ロボット展示会 World Robot Expo

World Robot Expoでは、最新のロボット技術や世界中で実際にロボットが活用されている例をしょうかいしたり、World Robot Challengeの競技内容と関係のある展示が予定されています。

※展示会イメージ。実際とは異なる場合があります

World Robot Summit 2020 開催予定

- **会場** 愛知県国際展示場
- **開催時期** 2020年10月上旬の約1週間 ※一部の競技はべつの時期に福島県でおこなわれます
- **主催** 経済産業省、国立研究開発法人新エネルギー・産業技術総合開発機構（NEDO）
- **ホームページ** http://worldrobotsummit.org/

どうして、World Robot Summitを開催するんですか？

競い合うことで、ロボット技術が発展するからだよ。

みんなは、世界ではじめて大西洋単独無着陸飛行に成功したチャールズ・リンドバーグという人を知っているかな。今から約90年も前に、アメリカからフランスまで、とちゅうでどこにも着陸しないで飛行した人だよ。距離にすると約5810キロメートルで、かかった時間は約33時間30分だったんだ。それはとてもすごい挑戦だったのだけれど、そんなすごいことができたのは、この挑戦が、「だれが最初に成功するか」というコンテストのようなものだったからなんだ。だから、みんな自分が一番になろうとがんばれたんだね。賞金も用意されていたんだよ。このように、コンテストなどの競い合うしくみを作ると、みんなが目標をもってがんばれるので、技術などが発展するんだ。ロボット開発でも、そうしたコンテストを実施しようと考えたのが、World Robot SummitのWorld Robot Challengeなんだよ。

コラム
ロボットはこれからどうなっていく？

> これからのロボットは、どうなっていくんですか？

これからは、ロボットが、人やまちともっと結びついてくるよ。

　日本ロボット学会という団体が、これからのロボット開発がどのような方向に進んでいくかについて発表したことがあるんだ。その中では、①ロボットが人に入る、ということと、②ロボットがまちに入る、ということを示したんだよ。

　「ロボットが人に入る」というのは、たとえばサイボーグのようなものだね。義手や義足など、ロボットでできた手や足の開発などはとても進んでいるんだよ。また、1巻でしょうかいした「マッスルスーツ」のような、ロボットスーツといわれるものも登場してくるよ。たとえば、ロボットスーツをつけることで、100キログラムの荷物をもって、時速60キロメートルで走れるようになる、というイメージだね。

　「ロボットがまちに入る」というのは、2巻でもしょうかいしたように、まち全体がロボットになるということだよ。たとえば、まちかどに設置されたロボットカメラからの情報を受け取って、道案内するロボットや、見通しの悪い交差点をロボットカメラが見守っていて、自動車や自転車がぶつからないように教えるロボットなども考えられているんだ。

パート2

工場や産業でがんばる、いろいろなロボット

自動車組み立てロボット①

ウインドウ搭載支援ロボット

お話をしてくれた方
トヨタ自動車株式会社
菊池 雅俊さん

★の写真は、©トヨタ自動車株式会社（P14-17）

複雑そうなロボットだね

これがウインドウ搭載支援ロボット

　自動車のウインドウガラスは大きくて重く、正確な位置に取りつけるのがとてもむずかしいので、これまではふたりがかりで作業をしていました。でも、ウインドウ搭載支援ロボットによって、その負担がへり、速く正確な作業ができるようになりました。

ウインドウ搭載支援ロボットのお仕事

　ウインドウ搭載支援ロボットが、自動車用のウインドウガラスを車体の真上まで運び、人間の動作を補助しながら、いっしょに車体に取りつけます。

どんなことができるんだろう？

● ウインドウガラスをもち上げて、車体の上まで運ぶ

　自動車用の重いウインドウガラスをもち上げて、コンベア上の車体の動きに合わせて、車体の真上まで運ぶことができます。

● 人間の動きを補助しながら、正確に車体に取りつける

　ウインドウガラスと車体の中心を合わせて、きめられた角度で車体にしっかりと押しこんで取りつけます。このとき、ウインドウガラスが車体にぶつかったり、位置がずれたりしないように、いっしょに作業する人間の動作を検知して補助するので、正確に取りつけることができます。

正確な位置に取りつける

どうしてそんなことができるのかな？

電動吸着ユニットで、重いウインドウガラスをしっかりもてるから

ウインドウ搭載支援ロボットには、電動吸着ユニットという装置が使われています。この装置は、そうじ機のように、ウインドウガラスを強い吸引力でしっかりともち上げることができます。また、モーターでスピードを調整できるので、コンベアの動きに合わせて運ぶことができるのです。

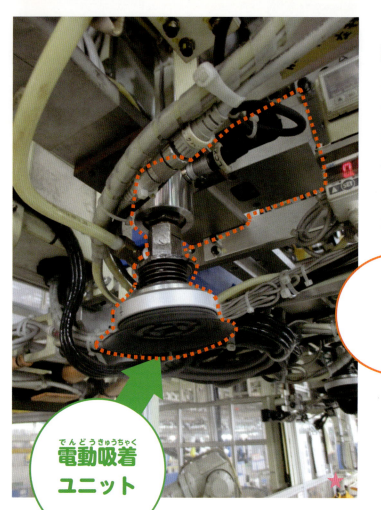

電動吸着ユニット

大きな吸盤だね！

わあっ！

人間といっしょにはたらくんだね

運びながら装着できる！

● 人間の動きを検知する力覚センサーと、ロボットの動きを連動させているから

ウインドウ搭載支援ロボットは、人間の細かい動きや力かげんを力覚センサーによって検知して、モーターやブレーキをコントロールすることができます。だから、人間の動きを補助しながら、人間といっしょに正確な位置にウインドウガラスを取りつけることができるのです。

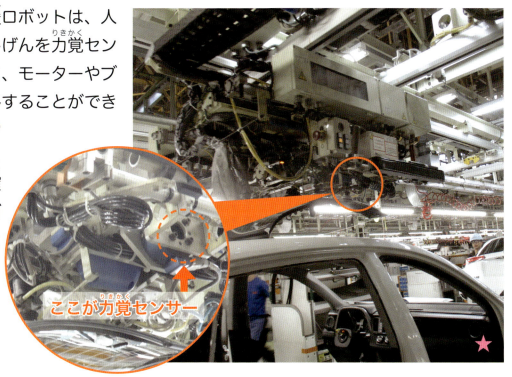

ここが力覚センサー

菊池さんに聞きました!!

Q ウインドウ搭載支援ロボットを使うことで、何が変わったんですか？

A 人間だけならふたりがかりの作業を、ひとりとロボットでできるようになりました。
　ウインドウ搭載支援ロボットが、大きく重たいガラスを運ぶ作業や、むずかしい取りつけ位置の調整の補助をしてくれるので、人間の負担が少なくなり、ひとりで取りつけ作業ができるようになりました。また、ロボットの正確な作業によって、取りつけ作業のミスが少なくなったんですよ。

自動車組み立てロボット②
スペアタイヤ搭載ロボット

お話をしてくれた方
トヨタ自動車株式会社
菊池 雅俊さん

★の写真は、©トヨタ自動車株式会社（P18-21）

これがスペアタイヤ搭載ロボット

これまでの産業用ロボットは、非常に強い力で、人間にかわって作業をすることが多かったので、まわりの人間に危険がないように、ロボットをさくでかこっていました。でも、トヨタ自動車のスペアタイヤ搭載ロボットは、安全性を高めて、人間と協力してはたらけるようになっています。

人間にやさしいロボットなんだね

スペアタイヤ搭載ロボットのお仕事

自動車に積みこむスペアタイヤをもち上げ、コンベアに乗って移動する車体のトランクまで運び、きめられた場所におさめます。

どんなことができるんだろう？

● 重いスペアタイヤをもち上げて、積みこむ位置まで運ぶ

ロボットアームに取りつけられた爪で、スペアタイヤを引っかけてもち上げることができます。そして、コンベアの動きに合わせてタイヤを運び、車体のきめられた場所に正確におさめることができます。

正確な位置におさめる

車体はコンベアで動いてるのね

● 自動でスピードをコントロールする

スペアタイヤ搭載ロボットの近くでは、人間がべつの作業をしています。人間が近づくと、スペアタイヤ搭載ロボットは、動くスピードをおそくします。もし、ぶつかったりした場合には、ロボットがすぐに止まるので、人間は安全に作業できるのです。

人間を検知しスピードをコントロール

どうしてそんなことができるのかな？

● 車体の正確な位置を確認し、動きをコントロールできるから

　スペアタイヤ搭載ロボットは、リンク機構という技術を使って爪を動かし、スペアタイヤをつかんだり、はなしたりすることができます。また、コンベアに乗って移動している車体の位置情報と、ロボット自身の動きを合わせる技術によって、スペアタイヤを正確な位置におさめることができるのです。

ロボットアームを使って、タイヤをもち上げる

タイヤの重さは最大25キログラムあるんだって！

コンベアの動きに合わせて、スペアタイヤを搭載

せまい場所でも正確に動くんだね

20

● もし人間とぶつかっても、ケガをさせない機能があるから

スペアタイヤ搭載ロボットには、「力センサーレス柔軟制御」という機能があります。センサーを使わずに、ロボットに外からくわわる力を検知することができ、人間がぶつかったと判断したときには、動きを止めます。また、ロボットをとてもかんたんに押しかえすことができるので、人間も安心して、いっしょにはたらくことができるのです。

ぶつかったと判断したら動きを止める

菊池さんに聞きました!!

Q ロボットを作るときは、何がたいへんだったのですか？

A 外からロボットにくわわる力を正確に検知して、ロボットの動きをコントロールすることがたいへんでした。

センサーを使ったしくみでは、人間がぶつかったときに、ロボットにくわわる力を、検知しきれない場合があり、人間といっしょにはたらかせるには不安がありました。そこで、センサーのかわりに、モーターでその力を検知して、ロボットをコントロールする「力センサーレス柔軟制御」というしくみを使い、人間といっしょにはたらけるロボットを実現しました。とても苦労しましたが、そのかいがあって、このロボットは国などが主催する大会で、「ロボット大賞」に選ばれたんですよ。

溶接ロボット

金属をつなぎ合わせるロボット

お話をしてくれた方　株式会社パパス　松本 仁志さん

★の写真は、©株式会社パパス（P22-25）

電気やレーザーなどで高い熱をくわえて、金属と金属をとかしてつなぎ合わせる作業を溶接といいます。その溶接を人間にかわってするのが溶接ロボットです。溶接は、同じ作業を正確に1日に何十回、何百回とくりかえす必要があるので、ロボットに向いている作業だといえます。

アーム型のロボットなんだ！

レーザー溶接ロボット

MIG溶接ロボット

スポット溶接ロボット

溶接ロボットのお仕事

溶接ロボットは、ベルトコンベアなどで運ばれてくる部品の、きめられたところを溶接します。

これまでひとりの人間がしていた溶接を、1台の溶接ロボットがかわりにすることができます。

溶接用のワイヤーがとけて火花が飛ぶ

MIG溶接ロボット

どんなことができるんだろう？

● 重ね合わせた部品を溶接

「スポット溶接ロボット」は、重ね合わさった2つの部品を溶接するロボットです。重ね合わされた部品を取り上げて、溶接装置のある場所まで移動させ、部品を回転させながら、なんか所も溶接します。

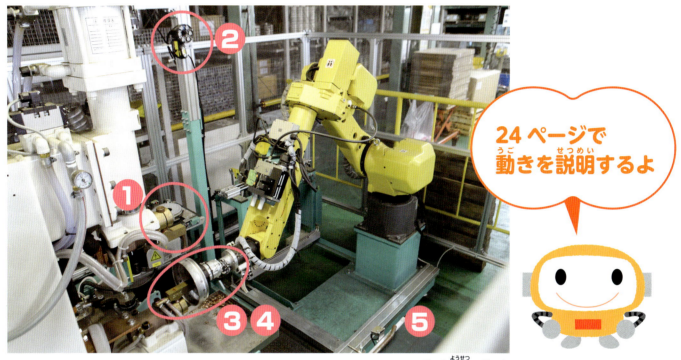

スポット溶接ロボット

24ページで動きを説明するよ

● 2つの部品を溶接してつなぎ合わせる

「TIG溶接ロボット」は、2つの金属部品をつなぎ合わせて、1つの部品を作り上げることができます。

完成した消火器ボディ

ここを溶接

TIG溶接ロボット

23

どうしてそんなことができるのかな？

コンピュータで作業をプログラムするから

溶接ロボットはコンピュータで動きをコントロールします。どのような材料の、どの位置を、どのような順番で溶接するのかを、前もってプログラムします。これをティーチングといいます。

1 センサーで材料を確認し、取り上げる

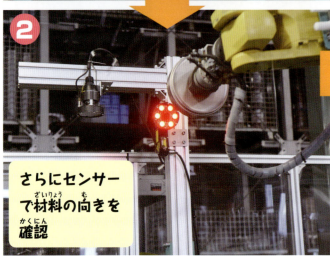

2 さらにセンサーで材料の向きを確認

3 側面を溶接　ここを溶接

4 上面を溶接　ここを溶接

1台でいろんな動きをするんだね

5 溶接されたところ　完成品をベルトコンベアにのせる

● 赤外線センサーとロボットアームがあるから

スポット溶接ロボットは、材料がきめられた場所にあることを赤外線センサーで確認してから、ロボットアームが取り上げます。そして、取り上げた材料の向きが正しいかどうかをべつのセンサーで確認してから、溶接をはじめます。溶接装置のある場所に、ロボットアームが材料を移動させ、回転させながら溶接位置を合わせ、なんか所もの溶接を自動でします。

 松本さんに聞きました!!

Q 溶接ロボットだと、人間より速く溶接できるんですか？

A 基本的には、ロボットは人間と同じくらいのスピードで作業します。

人間が作業するよりも、少しだけ速く溶接できる場合もありますが、基本的には人間ひとり分の作業を、1台のロボットがします。溶接ロボットは、けっして作業を速くする目的で使われているわけではないのです。人間にかわって、くりかえし正確に作業すること、人間の負担をへらすことが大切なんですよ。そして、ロボットにはできないむずかしい溶接を、人間がするのです。

高速セット組みロボット

パラレルリンク式ロボット

お話をしてくれた方
株式会社 広和産業
田村 信幸さん

パラレルリンク式ロボットは、食品や化粧品、文房具、電子部品などをきめられた数だけ取り上げて、セット組みする作業で活やくするロボットです。人間が1つ1つ取り上げてセット組みするのにくらべて、高速で正確に作業することができます。

> 大きなロボットだけど細かい作業をするんだね

パラレルリンク式ロボットのお仕事

パラレルリンク式ロボットは、レーンを流れてくる複数の材料を順番に取り上げて、セット組みします。きめられた順番で取り上げて、1つのセットにします。

どんなことができるんだろう？

● レーンを流れてくる材料を順番に取り上げる

「付せん」のセット組みで見てみましょう。4つのレーンから流れてくる、それぞれちがう色の付せんを、パラレルリンク式ロボットが順番にすばやく取り上げます。

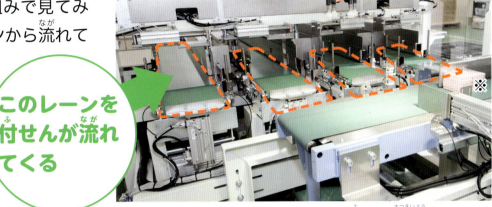

このレーンを付せんが流れてくる

※付せんは撮影用のダミーです

● 材料の向きなどを確認する

取り上げた付せんが正しい向きになっているかを確認し、重ねていきます。もし、向きがちがっていた場合は、動作を止めます。

吸盤で付せんを取り上げる

● 正しくセットされていることを確認し、つぎの作業に流す

5束の付せんをセットする場合、5束がきめられた色の順番になっているか確認し、正しくセットされていたら、つぎのパッケージ作業に流します。

セットされた付せんはつぎの作業へ

27

どうしてそんなことができるのかな？

● コンピュータでプログラミングするから

　パラレルリンク式ロボットの動きは、コンピュータでプログラミングすることによってきまります。ロボットアームはプログラムにしたがって材料を取り上げ、セット組みします。ロボットアームの先端部分には吸盤のような装置があり、空気の力で吸い上げるように材料をもち上げます。材料の大きさに合わせて、先端部分を取りかえることができます。

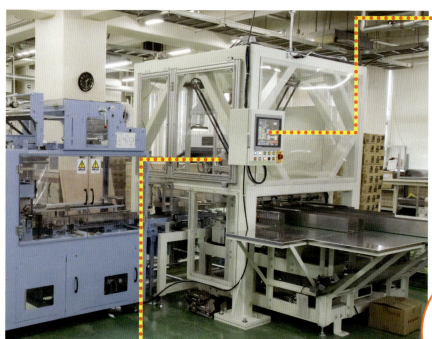

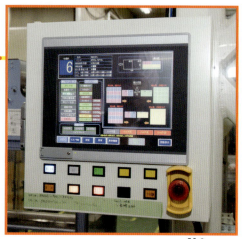

操作パネル

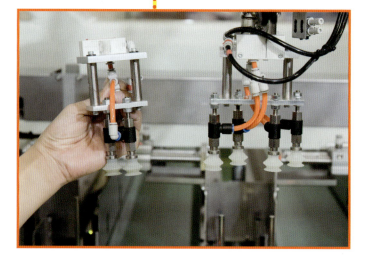

材料の大きさに合わせて、先端部分を取りかえるんだね

● 赤外線センサーやカメラで確認できるから

材料が流れてくるレーンには赤外線センサーがあり、材料がおかれているかどうかを確認します。取り上げた材料が正しい向きになっているかどうかはカメラで確認します。そして、つぎの作業に流す前にも、セット組みが正しいかどうかを、さらにべつの赤外線センサーで確認します。

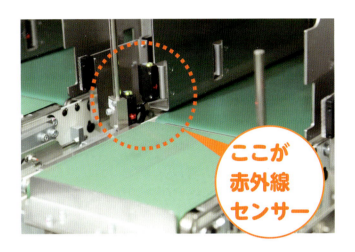

ここが赤外線センサー

これがカメラ

田村さんに聞きました!!

Q パラレルリンク式ロボットは、どのくらいのスピードで作業できるんですか？

A 一番速い設定だと、数秒で1セットを作ります。
パラレルリンク式ロボットは、プログラミングによって、作業のスピードを変えられます。一番速い設定にすると、付せんの場合、約5秒で1セットを作ることができるんですよ。ロボットを使う前は、このセット組み作業をふたりの人間でしていましたが、ロボットを使うようになってからは、ロボットと協力してひとりで作業ができるようになりました。

イチゴ収穫ロボット

イチゴを判別し収穫するロボット

★の写真は、©農研機構（P30-33）

お話をしてくれた方
国立研究開発法人
農業・食品産業技術総合研究機構（農研機構）
太田 智彦さん　　内藤 裕貴さん

イチゴの栽培や収穫の作業は、人間がすることがほとんどです。なかでも、広い農場で、イチゴが赤く熟しているかどうかを確認しながら、1つ1つていねいに収穫する作業は、とてもたいへんです。その作業を自動で1日中するのが、イチゴ収穫ロボットです。

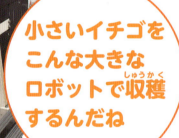

小さいイチゴをこんな大きなロボットで収穫するんだね

※イチゴは実験用のダミーです

イチゴ収穫ロボットのお仕事

イチゴ収穫ロボットは、イチゴがどのくらい赤く熟していたらつみ取るかをあらかじめ設定しておくことで、収穫すべきイチゴを判断しながら、つみ取る作業を人間にかわってします。

どんなことができるんだろう？

● 収穫すべきイチゴかどうかを判別

イチゴは、1つ1つ熟すタイミングがちがうため、それぞれのイチゴが、収穫してよい状態かどうかを判断する必要があります。イチゴ収穫ロボットは、どのイチゴが収穫してよいか、どのイチゴがまだ収穫してはいけないかをすばやく判断することができます。

コンピュータで判断するんだね

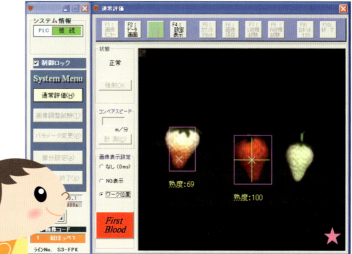

● イチゴをロボットアームでつみ取る

収穫すべきイチゴを見つけると、イチゴ収穫ロボットがアームを伸ばして、イチゴのくきの部分をつかみ、アームの先に取りつけられたハサミで、くきをはさみながら切り、イチゴを専用の箱まで運びます。

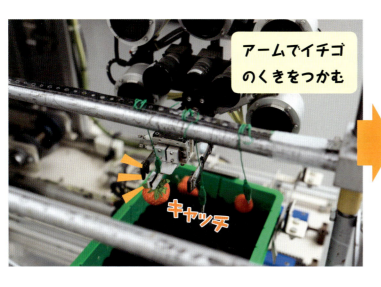
アームでイチゴのくきをつかむ
キャッチ

くきを切って、アームではさみ、イチゴがあることをセンサーで確認したあと、箱まで運ぶ
センサー

31

どうしてそんなことができるのかな？

● 熟しぐあいをカメラで確認できるから

　イチゴは、品種によって熟すスピードがちがいます。そのため、農場で育てているどの品種のイチゴを収穫するのかによって、収穫作業の前に、どのくらい赤くなっていれば収穫してよいかを設定します。その設定にしたがって、熟しぐあいをカメラで確認します。イチゴ収穫ロボットには、3つのカメラが取りつけられていますが、そのうちの左右2つのカメラを使って、イチゴの熟しぐあいを判断できます。

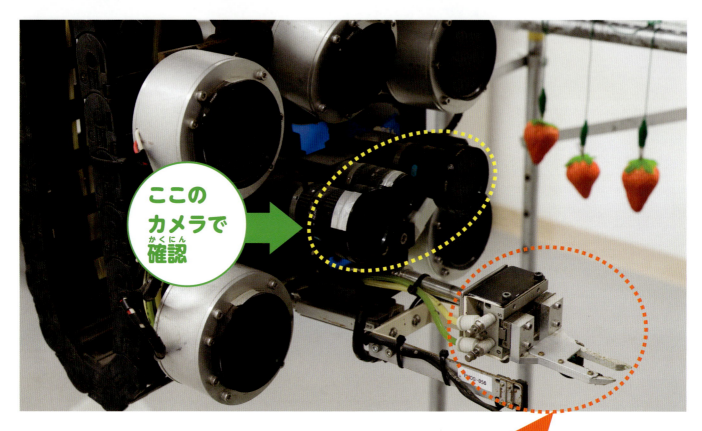

ここのカメラで確認

細いくきをつかむのね！

アームで切り取る

● ロボットアームがイチゴのくきを正確につかみ、切り取るから

イチゴの熟しぐあいを確認する左右2つのカメラでは、イチゴの位置も計測します。それからアームを伸ばします。アームがイチゴに近づくと、まん中のカメラで、切り取るべきくきの位置を正確に判断し、イチゴそのものにさわることなく収穫します。

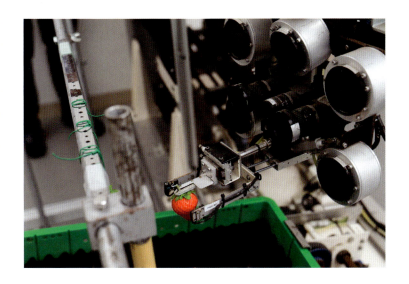

太田さんと内藤さんに聞きました!!

Q イチゴ収穫ロボットの開発には、どれくらい時間がかかったんですか？

A 約10年かけて開発しました。
イチゴそのものにはさわらずに、くきの部分だけをつかみ、切り取れるようにするのが、とてもたいへんでした。また、イチゴは、手前だけでなく奥のほうにも実っているため、むりに奥のイチゴを取ろうとすると、手前のイチゴをきずつけてしまいます。そこで、イチゴの重なりを正しく判断し、手前の赤く熟したイチゴから収穫できるようにすることにも時間がかかりました。

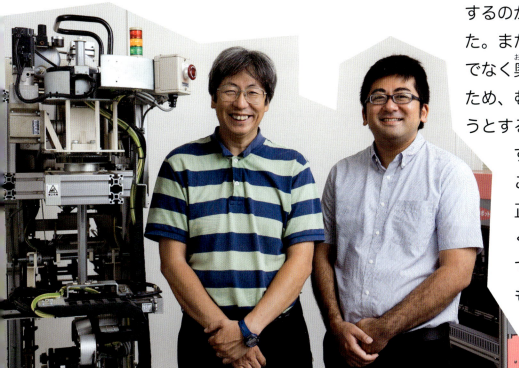

Amazon Robotics

可動式商品棚ロボットシステム

お話をしてくれた方
アマゾンジャパン合同会社 吉田 憲司さん

★の写真は、
©アマゾンジャパン合同会社
（P34-37）

　これまで、商品を保管する倉庫では、そなえつけの棚にたくさんの商品がならべられていて、人間が倉庫内を移動しながら、必要な商品をさがし出して取り出す必要がありました。でも、インターネット通販のアマゾンには、Amazon Roboticsというロボットシステムを使って、人間が倉庫内を移動せずに、ロボットが自動で必要な商品を人間のところまで運ぶようになっている倉庫があります。

たくさんのロボットがはたらいてるんだね

とっても広い！

Amazon Roboticsのお仕事

　Amazon Roboticsとは、ロボットだけがはたらく専用のエリアで、商品を保管するための「ポッド」と呼ばれる可動棚を、「ドライブ」と呼ばれるロボットが自在に移動させ、「ステーション」で作業をする人間のところまで、ポッドを運ぶしくみ全体のことをいいます。

　ドライブとポッドがはたらくエリアの外側には、倉庫にとどいた商品をポッドに入れたり、出荷する商品をポッドから取り出したりする作業者がいます。コンピュータの指示によって、ドライブが、必要なポッドをもち上げて、作業者のところまですばやく運びます。

ドライブ

どんなことができるんだろう？

● 商品の保管場所や数を管理する

　倉庫にとどいた商品は、その大きさや形によって、Amazon Roboticsが、どのポッドに保管するのがよいかを判断し、作業者にその位置に収納させます。それによってどのポッドに、どのような商品が何個あるのかを、管理することができます。

● 必要なポッドを作業者のところまで運ぶ

　注文を受けて、商品を取り出すときには、その商品が収納されているポッドをドライブが作業者のところまで運びます。作業者は、自分の前に運ばれてきたポッドのどの位置に必要な商品が保管されているかをコンピュータの画面で確認しながら、すばやく取り出すことができます。

ステーション　　ポッド

作業者は移動せずに作業できる

どうしてそんなことができるのかな？

● コンピュータで、すべての商品・ポッド・ドライブをコントロールしているから

すべてのポッドをドライブで動かしている

　Amazon Robotics のポッドは非常にたくさんあり、それぞれのポッドのぜんぶの面には、いろいろな種類の商品が保管されています。どのポッドに、どの商品が保管されていて、そのポッドがどこにおかれているか、ということはすべてコンピュータで管理されています。

　また、ドライブは、コンピュータの指示で必要なポッドの下に入り、ポッドをもち上げてステーションまで運びます。

すごい！ちっちゃいのに力もち

● ドライブにセンサーがついていて、QRコード（記号）を読み取れるから

　ドライブがはたらく場所のゆかには、QRコードがつけられています。センサーでQRコードを読み取ることで、コンピュータが位置を認識し、ドライブは安全に移動することができます。また、ポッドの下にもQRコードがつけられているので、ドライブはそのQRコードを読み取って、必要な商品が収納されているポッドをもち上げて、作業者のところまで正確に運ぶことができるのです。

ここにも前方を確認するセンサーがある

吉田さんに聞きました!!

Q ロボットどうしがぶつかったりしないんですか？

A ぶつからないように設計されています。Amazon Roboticsは、すべてのポッドやドライブを、コンピュータで総合的にコントロールしているので、ロボットどうしがぶつかることはありません。また、どのドライブが、どこを走行しているかもコンピュータが管理しているので、渋滞したりすることもありません。ステーションにいる人間が、スムーズに安全に作業できるよう、システム全体が設計されているんですよ。

コラム これからのロボット開発に求められること

先生、これからのロボット開発では、どんなことが大切なんですか？

もっともっと、女性がロボット開発にかかわってほしい。

　ロボットというと、どうしても男性主導の世界のように思われがちだけれど、けっしてそんなことはないんだよ。もともと、日本のロボット開発が、世界でも高いレベルになれたのは、きめ細やかなものづくりをすることを、日本人がとくいにしていたからなんだね。細かいところに気がつくかどうか、といったことも、これからのロボット開発ではさらに大切になってくるよ。

　これからは、わたしたちの生活の中にさまざまなロボットが入ってくるというお話をしたね。今は、おそうじロボットなどが、家事を手助けしてくれているね。近い未来にはおそうじのほかにも、料理や洗たくなどもロボットがかわってやるようになるよ。そうした生活支援ロボットを開発するうえでは、とくに女性の目線でロボットを考えることが大事になるんだ。もちろん、今でも女性のロボット研究者はいるけれど、男性にくらべるとまだまだ少ないんだ。だから、もっともっと女性がロボット開発に興味をもち、研究に取り組むようになってほしいと願っているんだ。

パート3
工場や産業でがんばるロボットの未来

未来の産業用ロボットはどうなるんだろう？

1台のロボットが、いろいろな作業をするようになる

　現在、工場や産業でがんばっているロボットの多くは、きまった1つの作業を何千回、何万回とくりかえすことをとくいとしています。

　でも、これからは、1台のロボットがいろいろな作業をするようになるでしょう。1台のロボットが、必要なときは部品の組み立て作業をし、またべつの場面では組み上がった製品を検査したり、さらに、工場が停止している夜中に、どのような動きをしたらより効率的にはたらけるかを考える作業をしたりするようになるかもしれません。

　このシリーズでは、いろいろなロボットを見てきました。たとえば、1巻で取り上げたPALROは、あるときはお年寄りと会話をし、あるときはお年寄りといっしょに体操をしたりすることができました。このタイプのロボットはパーソナルロボットと呼ばれ、相手や状況に合わせて、いろいろな対応ができます。このような、パーソナルロボットがもつ能力を産業用ロボットにも取り入れようという考えかたがあるのです。

これまでの日本のロボット開発は、産業用ロボットといわれる、工場や産業ではたらくロボットをとくいとしていました。
　こうしたロボットたちが、これからどのように発展していくのかについて、少しだけ考えてみましょう。

協働ロボット（コ・オペレーティブロボット）がふえてくる

　産業用ロボットは、人間にとって危険な作業をおこなうことも多く、また、ロボット自体が強い力で作業をおこなうことも多いので、これまでの産業用ロボットが作業をしている場所は、さくなどでかこって、人間が入れないようになっていることが必要でした。

　でも、それでは、人間がはたらく場所と、ロボットがはたらく場所を区分できるほど大きな工場でなければ、ロボットを活用できません。そこで開発が進められているのが、人間と同じ場所でいっしょにはたらけるロボット、協働ロボット（コ・オペレーティブロボット）なのです。協働とは、「（人とロボットが）協力してはたらく」という意味です。

　この本でしょうかいしたウインドウ搭載支援ロボット（14ページ）や、スペアタイヤ搭載ロボット（18ページ）も、協働ロボットの代表です。

　協働ロボットには、できるだけ小型であること、人間にぶつかってケガをさせることがないように安全に作られていることなどが求められます。さらに、未来に向けては、コンピュータでロボットの動作をプログラミングするのではなく、人間がことばや身ぶり手ぶりで動作を教えれば、ロボットが理解して、作業をするようになるための開発が進められています。そうなれば、コンピュータでプログラムを作れない人でも、ロボットに作業を教えることができるようになり、ロボットを使いこなすことができるようになるのです。

©トヨタ自動車株式会社

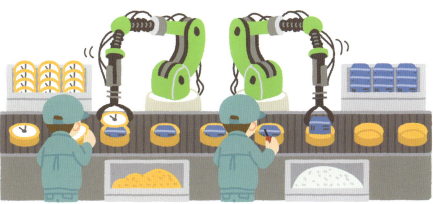

自分で考えて、はたらくロボットが活やくするようになる

これまでの産業用ロボットは、どのような作業を、どのような順番でおこなうかを、人間がプログラミングする必要がありました。22ページの溶接ロボットの説明にあったように、ティーチングといいます。コンピュータなどを使って、ロボットにあらかじめ設定するのです。そのため、ロボットに新しい作業をさせる前には、その作業についてのティーチングが必要でした。

でも、未来の産業用ロボットは、いろいろなセンサー技術や、人工知能（AI）が進歩することにより、たとえば、設計図を見ただけで、どのような作業が必要かを、ロボット自身が判断し、その作業を、どのような順番でおこなうのが最適なのかを、自分で考えられるようになるでしょう。そのためには、ロボットに、作業に必要な知識とともに、ある程度の常識をもたせることが必要となります。興味深い研究テーマです。

顕微鏡の中の世界に、工場ができる!?

工場などではたらく産業用ロボットというと、大きなものを操作する大きなロボットを想像するかもしれないね。でも、ぎゃくにものすごく小さな世界ではたらくロボットも考えられているんだよ。顕微鏡を使わないと見えないくらい小さなものを操作するロボットなんだ。

今から約30年前に、現在わかっている物質の中で、もっとも小さいとされる「原子」を自由に動かすことができるロボットが発表されたんだ。そして、原子で文字を書いて世界最小の名刺を作ったりしたんだよ。

未来には、顕微鏡でしか見られないくらい小さな工場が顕微鏡の中にできて、小さなロボットたちが活やくするかもしれないね。

42

コラム
人への最後の1メートルがロボットになる

人への最後の1メートルが
ロボットになるって、どういうことですか？

人から見て1メートル以内にロボットがいる、つまり人間のあらゆる活動を、ロボットが支援してくれる世界のことだよ。

今スマホは、わたしたちの身近にあって、いろいろな場面でわたしたちの活動を支援してくれているね。スマホは、タッチパネルのついた画面だけど、未来は、これもロボットになると考えられているんだ。わたしたち人間どうしの会話では、音声や身ぶり手ぶりが使われているよね。スマホがロボットになれば、会話はもっとしぜんになるだろう。

このシリーズでは、いろいろなロボットを見てきたね。でも、今、社会でがんばっているロボットは、これらのほかにもたくさんあるよ。そして、これからも、どんどん新しいロボットが登場してきて、わたしたちのくらしや活動を手助けしてくれるようになるよ。

未来では、わたしたち人間のすぐそばに、いつでもロボットがいてくれて、いろいろな手助けをしてくれるようになると考えられているんだよ。ロボットの形はさまざまで、人の形をしているとはかぎらないよ。たとえばメガネ。すでに開発が進められているけれど、メガネの中にコンピュータが入っていて、道案内をしてくれたり、質問にこたえてくれたりするんだ。これもロボットだね。そのほか、腕時計や運動靴が、人間の動きを計測して、健康状態を教えてくれたりすることもはじまっているね。

やがては、人間の体の中にロボットが入ってくるようなことも考えられるね。12ページで説明したサイボーグだ。このようにこれからのロボットは、研究が進めば、わたしたちの身のまわり1メートル以内のいろいろな物、メガネや腕時計や運動靴だけでなく、人の体の中にいるロボットなどが協力し合って、さまざまな場面で、わたしたちを助けるロボットとしてはたらいてくれる時代がくると考えられているんだよ。

日本は、世界の中でもロボット開発技術が進んでいるほうだけれど、それでも、まだまだ研究しなければいけないことがいっぱいあるんだ。みんなで、どんなロボットがあれば、くらしがべんりになるか、豊かになるかを考えてみよう。そして、「こんなロボットがあったらいいな」と思いついたら、ぜひ、そのロボットを作る人になろう。

自動車の未来

レーダーやカメラなどによって、まわりのようすを確認し、コンピュータの判断で、自分で走ったり止まったりすることができる自動車を「自動運転車」といいます。

人間が運転することなく、行き先を設定するだけで、すべての操作を自動でしてくれる自動運転車の開発は、ロボット研究者が早くから取り組んでいましたが、今では世界中の自動車メーカーが取り組んでいます。

自動運転車には、レベルがある

自動運転車といっても、現在はまだ完全に自動化されているわけではありません。前を走る自動車とぶつかりそうになると、人間がブレーキを操作しなくても自動で止まる自動ブレーキが装備され、そのほかの操作は人間がおこなうというレベルの自動運転車があります。また、自動ブレーキにくわえて、走行中に車線からはみ出しそうになると、自動でハンドル操作をする機能がついたレベルの自動運転車などもあります。

自動運転車のレベルについては、世界各国で考えられていますが、日本では、アメリカの考えかたなどを参考にしながら、つぎのような4段階のレベルが考えられています。

※2017年12月時点

自動運転車に乗ってみたい！

レベル1	走る、止まる、曲がるための操作のうち、どれか1つを自動でおこなえる状態
レベル2	走る、止まる、曲がるための操作のうち、2つ以上を自動でおこなえる状態
レベル3	走る、止まる、曲がるための操作を、すべて自動でおこなえて、大雨でカメラが使えないなどの必要なときだけ人間が運転するという状態
レベル4	走る、止まる、曲がるための操作を、すべて自動でおこなえて、どんなときでも、人間は運転しないという状態

実用化されている自動運転機能

すでに、実用化されている自動運転の機能がたくさんあります。ここでは代表的な機能をしょうかいします。

センサーが衝突の危険を検知し、自動でブレーキをかける

センサーやカメラを利用して、前を走る自動車との距離やスピードを計測し、ぶつかりそうになると、自動でブレーキを作動させます。

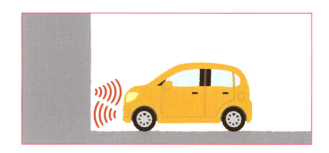

センサーが前の自動車を確認し、スピードを上げ下げする

センサーやカメラを利用して、前を走る自動車のスピードや距離などを計測し、安全な車間距離を保つように、スピードを上げたり、下げたりします。前の自動車が停止すると、自動で停止します。

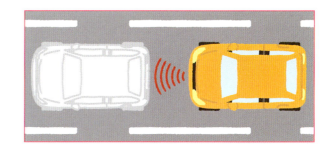

センサーが車線の位置を確認し、車線はみ出しをふせぐ

センサーやカメラを利用して、道路の車線を確認します。人間が車線変更のための運転操作をしていないのに、自動車が車線からはみ出しそうになると、自動でハンドル操作を支援し、車線はみ出しをふせぎます。

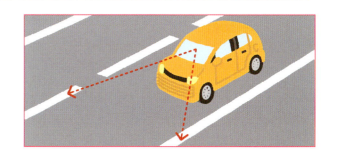

未来の自動車は、運転しなくても自動で走る

今はまだ実現していませんが、未来では、行き先を設定するだけで、自動車が走行ルートをきめ、人間がまったく運転しなくても、設定された行き先まで自動で走る（レベル4）ことができるようになるでしょう。

行ってみよう！

参加しよう！見に行こう！

ロボカップジュニア

ホームページ　http://www.robocupjunior.jp/

ロボカップ（RoboCup）は、2050年までに自律型ロボットチームが人間チームにサッカーで勝つ夢を実現するために、ロボット工学や人工知能（AI）などを発展させることを目的に開催されるようになった国際競技会です。

今では、サッカーだけでなく、災害時のロボットの応用を目的としたレスキューなどの大会もおこなわれています。小学生から参加できるロボカップジュニアでは、ロボットによるサッカー競技「サッカーリーグ」と、災害現場に見立てた場所で、ロボットを使って被災者を救助する競技「レスキューリーグ」や、ロボットのダンス演技を競う「OnStage」が開催されます。

© 一般社団法人 ロボカップジュニア・ジャパン

WRO（World Robot Olympiad）

ホームページ　https://www.wroj.org/

WROは、自律型ロボットによる国際的なコンテストです。世界の子どもたちが、自分でロボットを作り、プログラムにより自動制御する技術を競い合います。

WROでは、子どもたちがチーム（子ども2名または3名とコーチ〔おとな〕1名）を組んで競技に参加します。小学生でも参加できます。なかまとともにロボットを組み立て、コースをより速く、より正確に走らせることなどを競い合います。

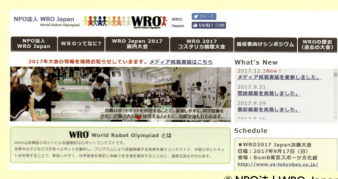

© NPO法人WRO Japan

開催予定については、ホームページで確認しましょう。

さくいん

あ

アーム …………… 22,31,32,33
アマゾン ………………………… 34
Amazon Robotics ………………
………………… 6,34,35,36,37
安全 ……… 18,19,37,41,45
イチゴ ………… 30,31,32,33
イチゴ収穫ロボット …………
………… 6,30,31,32,33
ウインドウガラス ……………
………………… 14,15,16,17
ウインドウ搭載支援ロボット …
………………… 6,14,16,17,41
お年寄り ………………… 9,40

か

介護 ………………… 2,5,9
介護ロボット …………………… 9
家庭 ……………… 2,5,9,10
可動棚 ……………………… 35
カメラ … 29,32,33,44,45
義手 …………………………… 12
義足 …………………………… 12
QRコード …………………… 37
協働 ………………………… 41
協働ロボット(コ・オペレーティブ
ロボット) ………………… 41
金属 ………………… 22,23
原子 ………………………… 42
検知 …… 15,17,19,21,45
顕微鏡 ……………………… 42
工場 …… 2,4,8,40,41,42
コンテスト ………… 11,46
コンピュータ …………………
24,28,31,35,36,37,41,42,43,44
コンベア …… 15,16,18,19,20

さ

災害 ………… 2,5,9,10,46
サイボーグ …………… 12,43
産業 …………… 2,40,41

産業用ロボット ………………
………… 8,9,18,40,41,42
地震 ……………………………… 9
自動運転車 ……………… 44
自動車 … 8,12,14,15,18,44,45
自動ブレーキ ……………… 44
車体 …… 14,15,18,19,20
自律型ロボット …………… 46
人工知能(AI) …………… 42,46
スクールロボットチャレンジ … 10
ステーション ………… 35,36,37
スペアタイヤ ………… 18,19,20
スペアタイヤ搭載ロボット …
………… 6,18,19,20,21,41
スポット溶接ロボット … 22,23,25
スマホ ……………………… 43
生活支援ロボット ………… 9,38
赤外線センサー ………… 25,29
センサー ……………………
21,24,25,31,37,42,45
倉庫 …………………… 34,35

た

大西洋単独無着陸飛行 … 11
台風 ……………………………… 9
タッチパネル ……………… 43
WRO(World Robot Olympiad) … 46
力センサーレス柔軟制御 … 21
チャールズ・リンドバーグ … 11
ティーチング ………… 24,42
TIG溶接ロボット ……… 23
電動吸着ユニット ……… 16
ドライブ ………… 35,36,37

な

日本ロボット学会 ……… 12
農場 ………… 2,4,30,32

は

パーソナルロボット ……… 40
パラレルリンク式ロボット …
………… 6,26,27,28,29
PALRO ……………………… 40
パロ ……………………………… 9

付せん ………………… 27,29
ブレーキ ………… 17,44,45
プログラミング … 10,28,29,41,42
プログラム ……… 24,28,41,46
ベルトコンベア ………… 22,24
ホームロボットチャレンジ … 10
ポッド ………… 35,36,37

ま

マッスルスーツ …………… 12
MIG溶接ロボット ……… 22
モーター …………… 16,17,21
ものづくり …………… 10,38

や

輸出 ………………………… 8,9
溶接 ………… 22,23,24,25
溶接ロボット … 6,22,24,25,42

ら

力覚センサー ……………… 17
リンク機構 ………………… 20
レーザー …………………… 22
レーザー溶接ロボット …… 22
レーダー …………………… 44
ロボカップ(RoboCup) … 46
ロボカップジュニア ……… 46
ロボットアーム …………………
………… 19,20,25,28,31,33
ロボット開発 ……………………
… 4,8,9,10,11,12,38,41,43
ロボットカメラ …………… 12
ロボット競技会 …………… 10
ロボット工学 ……………… 46
ロボットシステム ………… 2,34
ロボットスーツ …………… 12
ロボット大賞 ……………… 21
ロボット展示会 ………… 10,11

わ

World Robot Expo ……… 11
World Robot Summit … 10,11
World Robot Challenge … 10,11

✿ 監修

東京大学名誉教授

佐藤知正（さとう・ともまさ）

1976年東京大学大学院工学系研究科
産業機械工学博士課程修了。工学博士。
研究領域は、知的遠隔作業ロボット、
環境型ロボット、地域のロボット。
日本ロボット学会会長を務めるなど、
長年にわたりロボット研究に携わる。

✿ 監修協力

神奈川県産業振興課
（さがみロボット産業特区）

株式会社さがみはら産業創造センター（SIC）

✿ スタッフ

装丁・本文デザイン・DTP	HOPBOX
イラスト	HOPBOX、ワタナベ カズコ、里内 遥
撮影	杉能信介、手塚栄一、谷口弘幸
編集協力	TOPPANクロレ株式会社、有限会社オズプランニング

✿ 協力

アマゾンジャパン合同会社

株式会社 広和産業

株式会社パパス

国立研究開発法人
農業・食品産業技術総合研究機構（農研機構）

トヨタ自動車株式会社

（敬称略・五十音順）

社会でがんばるロボットたち

3 工場や産業でがんばるロボット

2018年2月28日　初版第1刷発行
2025年3月20日　　　第6刷発行

監　修　佐藤知正

発行者　西村保彦

発行所　鈴木出版株式会社

〒101-0051　東京都千代田区神田神保町 2-3-1
岩波書店アネックスビル 5F

電話／03-6272-8001　FAX／03-6272-8016

振替／00110-0-34090

ホームページ　https://suzuki-syuppan.com/

印刷／株式会社ウイル・コーポレーション
©Suzuki Publishing Co.,Ltd. 2018

ISBN 978-4-7902-3331-2 C8053

Published by Suzuki Publishing Co.,Ltd.
Printed in Japan
NDC500 ／ 47p ／ 30.3×21.5cm

乱丁・落丁は送料小社負担でお取り替えいたします